新型职业农民培育教材

《热带亚热带果树高效生产技术》系列丛书

杨梅

优良品种与高效栽培技术

◎ 张泽煌　主编

中国农业科学技术出版社

U0260179

图书在版编目（CIP）数据

杨梅优良品种与高效栽培技术 / 张泽煌主编. —北京：中国农业
科学技术出版社，2019.1
（热带亚热带果树高效生产技术系列丛书）
ISBN 978-7-5116-3992-9

Ⅰ. ①杨… Ⅱ. ①张… Ⅲ. ①杨梅—果树园艺 Ⅳ. ① S667.6

中国版本图书馆 CIP 数据核字（2018）第 285450 号

责任编辑　徐定娜　周丽丽
责任校对　马广洋

出　　版　中国农业科学技术出版社
　　　　　北京市中关村南大街 12 号　　邮编：100081
电　　话　（010）82105169（编辑室）
　　　　　（010）82109702（发行部）　（010）82109709（读者服务部）
传　　真　（010）82106626
网　　址　http://www.castp.cn
经　　销　各地新华书店
印　　刷　北京富泰印刷有限责任公司
开　　本　710mm×1000mm　1/16
印　　张　6.25
字　　数　104 千字
版　　次　2019 年 1 月第 1 版　　2019 年 1 月第 1 次印刷
定　　价　32.00 元

资助项目

本图书的出版得到了以下项目的资助：

1. 福建省公益类科研院所基本科研专项"基于 DNA 分子标记和差异蛋白技术进行杨梅优异资源鉴定"（计划编号：2016R1013-1）

2. 福建省公益类科研院所基本科研专项"果树优良品种基地建设与示范"（计划编号：2017R1013-9）

3. 福建省农业科学院出版基金专项经费"杨梅良种与栽培技术"（计划编号：CBZX2017-20）

《杨梅优良品种与高效栽培技术》
编写人员

主　　编：张泽煌

副 主 编：林旗华　钟秋珍　胡蒝青

编写人员：（按拼音顺序排列）

何新华　黄颖宏　李跃升　梁森苗　倪济民

戚行江　邱继水　任海英　王道平　王建超

郗红丽　徐昌杰　曾亚明　张淑文　张玮玲

郑锡良

　　随着社会经济发展，居民生活水平日益提高，热带亚热带果树栽培高速发展，热带亚热带果树优良品种和现代生产技术也广受重视，热带亚热带果树的栽培、保鲜和加工也得到了长足发展。为满足南方亚热带区域果树产业发展需求，福建省农业科学院果树研究所所长叶新福研究员牵头相关果树科技人员撰写了《热带亚热带果树高效生产技术》培训丛书。

　　《杨梅优良品种与高效栽培技术》是《热带亚热带果树高效生产技术》培训丛书的分册之一，本书可为果树种植户、观光果园建设者、庭院果树栽培从业人员提供一本图文并茂、通俗易懂的参考资料，也可以作为一些对果树感兴趣人士了解杨梅的入门手册。

　　由于编者水平所限，书中不妥之处在所难免，敬请广大读者和同行专家批评指正。

目 录 Contents

第一章

概　述

　　杨梅（*Morella rubra*）系杨梅科杨梅属植物，在我国汉代就有栽培记载，是我国南方的特色果树之一，栽培历史悠久，分布于长江流域以南、海南省以北的山地，主产于浙江、福建、广东、江苏、湖南、江西、广西壮族自治区（以下简称广西）、重庆、云南、贵州、台湾等省、自治区、直辖市。杨梅原产中国，在日本、韩国、泰国等国家有少量栽培。杨梅耐旱、耐贫瘠，在南方尚未开垦的山区仍然可以见到野生杨梅植株。杨梅可作为庭院观赏树种和行道树，也是水土保持、退耕还林的优选生态树种之一。

杨梅是优良的庭院种植树种

杨梅用于水土保持

　　杨梅果实营养丰富、色泽鲜艳、汁液丰富、酸甜可口、风味独特；本草纲目记载"杨梅可止渴、和五脏、涤肠胃、除烦愦恶气"。现代研究表明，杨梅富含维生素、花色苷等成分，还有丰富的膳食纤维，具有降血糖、抗肿瘤等功能，有生津止渴、和胃消食、益肾利尿和解暑止泻等功效。

杨梅为耐旱耐贫瘠生态树种

杨梅喜酸性土壤　　　　　　　　　　杨梅可用于休闲观光采摘

随着我国社会经济发展，水果生产逐步向多样化、优质化转型。我国幅员辽阔，南北气候差异大，受生产地域限制，杨梅、荔枝等水果由于保鲜期短、难贮运，在远离生产区域时，这些久负盛名的水果消费者只能闻其名而未识其身。随着果品贮藏、运输和配送等技术水平提升，这些水果不再受限于小范围销售，已可以在 24 小时内送到千里之外的北方消费者手中。随着贮运技术和科技水平的提升，原来的小宗水果迎来了产业发展的春天，进入了快速发展期，呈现"小水果、高效益"的产业前景。

浙江是我国杨梅栽培面积最多的省份，栽培面积有 130 多万亩（15 亩 =1 公顷；1 亩≈667 平方米。全书同），杨梅的栽培面积和产量均居全国首位，有东魁、荸荠种、丁岙梅、晚稻杨梅、水晶种等优秀的杨梅品种资源，在杨梅栽培技术、加工保鲜技术、乡村旅游等领域均居全国前列。

福建省杨梅种植面积及产量位居全国第二，在福建龙海、南安、建阳、建瓯、福安等县市杨梅产业发展较好，是当地农民增收的重要途径之一。在福建山区就有野生杨梅分布，据福建农学院园艺系 1975—1984 年调查和福建省农业厅曾文献、谢润生著《杨梅》记载，福建共有红杨梅 20 种，紫杨梅 11 种，白杨梅4 种。红杨梅栽培最普遍，抗逆性强，丰产稳产，肉质较硬，鲜食品质较差，适宜加工；主要品种有长乐、连江的八贤道杨梅，南安的长蒂杨梅、短蒂杨梅，龙海的安海杨梅等。紫杨梅果实较大，色泽深紫，质软味甜，品种较佳，但要求较好的栽培条件；著名品种有建阳、建瓯、南安、莆田、龙海的大乌杨梅，建阳、建瓯、古田、南平、泰宁的二色杨梅，福鼎的大粒紫等。白杨梅果实白色或黄白色，味清甜，产量低，多零星分布，主要品种有各地的白蜜、龙海的胭脂白杨梅等。

八贤道杨梅老树

八贤道杨梅果实

广东、江苏、广西、重庆、云南、贵州、湖南等地，梅也有较多栽培，也有许多当地知名的品种资源，如广东的乌酥梅、江苏的细蒂杨梅、广西的叶下藏、湖南木洞杨梅等品种。

粉色的杨梅果实

不同幼果颜色的杨梅品种

荸荠种　　　　　　　　　　　　　福建胭脂白杨梅

杨梅植物学性状

一、杨梅对气候条件要求

杨梅为喜温树种，最适宜年平均温度15～21 ℃；年极端最低气温 −9 ℃；≥10 ℃的年有效积温需4 500 ℃以上；开花期花器的低温忍耐度为0～2 ℃；成熟期果实的高温忍耐度为30～35 ℃；花芽分化期枝条的高温忍耐度为29 ℃。在有些高海拔山区，当花期低于0 ℃时，易出现"花而不实"的现象。有些地区的7月气温在29 ℃以上，高温影响花芽分化，造成叶小枝瘦、花芽发育不良。

研究表明，在越冬期，日最低温度在 −9～−6 ℃两天以上，或日均气温在 −2～0 ℃两天以上，杨梅会发生轻度冻害；日最低温度低于 −11 ℃或日均气温低于 −2 ℃两天以上，杨梅会发生重度冻害。在开花期，则更容易出现冻害。

杨梅一般要求年降雨量多在1 000毫米以上，这些降雨量基本上能满足杨梅生长和结果的要求，在滨海临湖地区和山峦深谷中，借大水体调节温度与湿度，最利于杨梅生长。但花期低温阴雨少照对授粉受精不利，花期要求晴朗而有微风的天气。一般认为，在果实发育期间，空气相对湿度要求达到70%左右比较合适。

杨梅大树

粉红种杨梅结果树

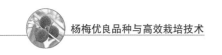

二、根

杨梅根系适宜生长土质松软、排水良好、含有石砾的、pH 值 5.5～6.5 的砂质壤土中，其分布较浅，主要分布在 0～60 厘米深的土层中，在 5～40 厘米的土层中最集中，少数深根可达 1 米以上；在水平方向，约大于树冠直径 1 倍。杨梅主根不明显，侧根、须根发达，与菌根共生，形成灰黄色的肉质菌根。

杨梅大树的根系　　　　　　　　　杨梅幼苗的根系

三、枝

杨梅枝条互生，节间短，分枝呈伞状，多集中于枝条的先端，质脆易断，枝条较粗壮，颜色为灰褐色。杨梅新梢整年都会生长，幼龄树一年抽梢 3～4 次，投产树一年抽梢 2～3 次，一般春梢、夏梢生长较快，生长充实的春、夏梢的腋芽，能分化为花芽，可成为结果枝；秋梢生长较慢，冬梢较少。

杨梅树干

杨梅枝条

杨梅结果枝

四、叶

杨梅的叶片革质，表面无毛，基部楔形，叶龄约 2 年。叶尖端渐尖或急尖，叶缘中部以上有稀疏的锐锯齿，中部以下为全缘，叶片基部呈楔形；叶脉上着生着稀疏的金黄色腺体。

杨梅嫩梢

杨梅老叶及果实

五、花

杨梅通常为雌雄异株。少数特异的种质资源，如广西的叶下藏、福建的特早梅等，能每年稳定表现出雌雄同株性状。

杨梅花小，单性，无花被。雌株杨梅树开雌花，为柔荑花序，每一结果枝有 3～25 个花序，每花序一般有 7～26 朵花，多数为 9～18 朵。雌花柱头二裂，鲜红色，呈"Y"形羽状开张；同一花序中自上而下渐次开放，花序发育不良的会出现上部开雌花，下部开雄花的现象。

杨梅雌花序

叶下藏杨梅花序 特早梅花序

雄株树开雄花，为复柔荑花序，花序呈圆筒形或长圆锥形，不能结果。育成的品种如东魁、荸荠种和丁岙梅等均为雌株，雄株通常为野生实生杨梅树，在建园时搭配 1%～2% 作为授粉树。

杨梅雄株

杨梅雄花序

在杨梅大棚早熟栽培时，需搭配种植授粉树，要做到雌雄株花期相遇。大棚早熟栽培若没有种植雄株，在开花期可采集棚外的花粉保存用于人工授粉。

六、果

杨梅为核果，每一花序结 1～2 个果，以顶端位置坐果性最好，其余的花多退化或脱落，花轴成为顶端果实的果梗，果实食用的部分（肉柱）为外果皮层细胞的囊状突起。幼龄树、养分充足和向阴面的果实肉柱顶端常呈圆钝形，树龄高、结果多、养分不足和向阳面的果实肉柱顶端常呈尖头形。一般肉柱钝圆的果实，汁多柔软可口，风味佳；肉柱尖的果实汁少，风味差，但细胞组织紧密，较耐贮运，不易腐烂。

幼果

转色成熟期

水晶种杨梅果实

粉红种杨梅果实

福建长乐落子杨梅

早佳杨梅果实

杨梅优良品种及资源

我国杨梅种质资源十分丰富，据不完全统计全国约有 300 个地方品种。下面大致按早、中、晚不同成熟期对部分优良品种和种质资源进行简单介绍。

一、特早梅

福建龙海品种。该品种树势较弱，雌雄同株。果实紫红色，平均单果重 9.8 克，可溶性固形物含量 11.0%，可食率 94.0%。肉质细腻汁多，风味甜酸可口。在原产地 5 月初成熟，属早熟杨梅品种。

特早梅花序

特早梅果实

二、浮宫 1 号

福建龙海品种。该品种树势较旺，果实紫红色；平均单果重 9.8 克，可溶性固形物含量 11.2%，可食率 93.7%；肉质细腻汁多，风味酸甜可口。在原产地 5 月上旬成熟，属早熟杨梅品种。

浮宫1号

三、叶下藏

广西品种。该品种树冠近圆头形，主干明显，较光滑，树皮灰黑色。雌雄同株，雌花花序淡红色。幼果颜色黄中带红；果实圆球形，单果重4～7克；果皮颜色紫黑色，着色均匀；果肉脆而细嫩，果汁多，可溶性固形物含量12%～14%，可食率89.2%。果面有蜡质，味甜带微酸，有浓香。在原产地2月上中旬开花，4月下旬至5月上旬成熟，高产稳产，耐贮运。

叶下藏结果树

叶下藏

四、早荠蜜梅

　　浙江品种。该品种从荠荠种芽变选育出的杨梅早熟新品种，比荠荠种开花早15 天，成熟早 10 天。果实性状及品质与荠荠种相似，紫黑色，可溶性固形物含量 12.8%，可食率 93.1%。果形较小，单果重 9.0 克，但明显大于同期成熟的早酸和野乌杨梅。

早荠蜜梅

五、早佳

　　浙江品种。该品种从兰溪荠荠种杨梅园中利用芽变选育出的杨梅早熟新品种。2013 年 9 月通过了浙江省林木品种审定委员会认定并定名。果实近圆球形，果面紫黑明亮，着色均匀，果蒂色泽黄绿，果肉质地较硬，风味浓，平均单果质量 12.5 克，果形指数 0.96，可食率 95.7%，可溶性固形物含量 11.4%。长势中庸，树体矮化，在兰溪成熟期一般在 5 月底 6 月初，比东魁杨梅早 15 天上市，比荠荠种杨梅早 5 天以上。该品种果大早熟，结果性能好，产量稳定，高抗凋萎病，品质优良。

早佳

六、荸荠种

浙江余姚、慈溪品种，至今已有 2 000 年栽培历史。该品种树势中庸，树姿开张，枝条稀疏，果实略呈扁圆形，成熟时呈乌黑色；平均单果重 9.7 克，可溶性固形物含量 12.2%，可食率 93.2%；果实肉质细软，汁多，味浓甜可口。在原产地 6 月中下旬成熟，适于鲜食或加工。

荸荠种

七、丁岙梅

浙江瓯海、龙湾品种。该品种树势强健，树干、枝条短缩，果实呈圆球形，果实成熟时呈乌紫色，果蒂绿色凸起，果柄特长，与枝条固着力强，不易落果；平均单果重 10.8 克，可溶性固形物含量 11.1%，可食率 95.0%；肉质柔软，甜酸适口，品质佳。在原产地 6 月中下旬成熟。

丁岙梅

八、软丝安海变

福建龙海品种。该品种树势中庸，果面紫红色至紫黑色；平均单果重 16.9 克，可溶性固形物含量 11.9%，可食率 95.5%；肉质细软，汁液多，甜酸适中，核小，口感好、果型佳。在原产地 5 月中下旬成熟，属中熟优质杨梅品种。

软丝安海变

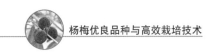

九、硬丝安海变

福建龙海品种。该品种树势中庸，果面紫黑色，肉柱稍粗，耐贮性好；平均单果重 16.6 克，可溶性固形物含量 11.9%，可食率 95.3%；甜酸适中，多汁，肉质稍粗，核小。在原产地 5 月中下旬成熟，属中熟、耐贮藏、耐运输的杨梅品种。

硬丝安海变

十、水晶种

浙江上虞品种。该品种树势强健，树冠半圆形，果实圆球形，完熟时白玉色，肉柱先端稍带红点。平均单果重 12.5 克，可溶性固形物含量 12.4%，可食率 93.6%；肉质柔软细嫩，汁多，味甜，风味较浓，具独特清香味，品质上乘。在原产地 6 月下旬成熟。

水晶种

十一、胭脂白

福建龙海品种。该品种树势强健，树冠半圆形，果实圆球形，成熟果白色，与红色杨梅种植距离较近时，果面会带红晕。平均单果重 12.0 克，可溶性固形物含量 12.1%，可食率 94.0%。肉质柔软细嫩，汁多，味清甜，品质上乘。在原产地 5 月下旬成熟。

胭脂白杨梅

十二、小叶细蒂

　　江苏苏州品种。该品种树冠直立高大；果中等大，扁圆形，果面深紫红色，平均单果重 10.5 克，可溶性固形物含量 11.8%，可食率 93.6%。肉柱圆形，中等大，稍突出，排列紧密，果面较平整。核小，近圆形。肉质较硬，风味浓甜，品质上等。着果率高，丰产，优质。采前不易落果，稍耐贮运。在苏州地区 6 月中旬成熟。

小叶细蒂

十三、乌梅

　　江苏苏州品种。该品种树势健壮，矮干；果实圆球形，深紫红色，基瘤明显。果实大，平均单果重 14.9 克。肉质软硬适度，风味浓郁，富香气，可溶性固形物含量 12.5%，品质佳，耐贮运。核稍大，长圆形。该品种适应性强，枝条粗壮，座果率高，果实大而整齐，产量高。在苏州地区 6 月中旬成熟。

乌梅

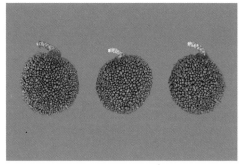

乌梅

十四、紫晶

江苏苏州品种。该品种树势中等，树冠自然圆头形，果实圆球形，平均单果重 16.2 克。果面紫红色，完全成熟时呈紫黑色，肉柱圆钝，大小均匀，果顶圆整，果基处有 4 条明显的缝合线，果肉厚，柔软多汁，可溶性固形物含量 10.7%，可食率 95.4%，品质上等。抗逆性强，大小年结果不明显。在苏州地区 6 月中下旬成熟。

紫晶

十五、大叶细蒂

江苏苏州品种。该品种树冠高大，较开张；果形大，圆形或扁圆形，完熟时果面紫红色，平均单果重 12.7 克。肉柱圆形或长圆形。核小，长圆形。风味甜酸适度，柔软多汁，品质上等，耐贮运。成熟期晚，丰产，成熟期不易落果，耐贮运，是鲜食和罐藏兼用的优良品种。在苏州地区 6 月中下旬成熟。

大叶细蒂

十六、黑晶

　　浙江温岭品种。该品种树势强健，树冠圆头形，枝梢较粗。果顶较凹陷，完熟时果面呈紫黑色，富有光泽，肉质细嫩，汁液多。平均单果重18.4克。可溶性固形物含量12.0%，可食率94.5%；汁液多，甜酸适口，风味浓甜，品质优良，在原产地6月下旬成熟。

黑晶

十七、乌酥梅

广东品种。该品种树势强健，树冠半开张，果实近圆球形，成熟时呈紫红色或紫黑色；平均单果重 10.3 克，可溶性固形物含量 12.2%，可食率 94.0%；肉质柔软多汁，甜酸可口，在原产地 6 月上旬成熟。该品种对立地条件要求相对较高。

乌酥梅

十八、东魁

浙江黄岩品种。该品种树势健旺，树冠高大，果面紫红色或红色；平均单果重 24.2 克，可溶性固形物含量 11.5%，可食率 95.0%；甜酸适度，肉柱较粗，品质优良，耐贮运，综合性状优。在原产地 6 月底至 7 月初成熟，属晚熟大果优质杨梅品种。

东魁

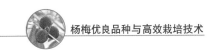

十九、白东魁

该品系是东魁杨梅的芽变株，除果色外，其他性状与东魁无差异。该品系树势健旺，树冠高大，果面颜色为浅粉红色，平均单果重 24.0 克，可溶性固形物含量 11.5%，可食率 95.0%；甜酸适度，品质优良。在福建龙海 6 上旬成熟。

白东魁

白东魁与东魁果实对比

白东魁

二十、永冠

该品系是东魁杨梅的芽变株，为二倍体东魁的四倍体变异。该品种系叶片较东魁杨梅大，呈浅绿，倒卵圆形。果实近圆球形，果面红色或紫红色，缝合线浅，果蒂凸起，果梗短，果肉红紫色，肉柱粗壮、多汁。果实较大，平均单果质量 30.9 克。味甜酸可口，可食率为 95.2%，可溶性固形物含量 12.6%，品质优良。在浙江台州 6 月下旬至 7 月上旬成熟期。

二十一、晚稻杨梅

浙江定海品种。该品种树冠高大，呈圆头形或圆筒形，果实呈圆球形，成熟时呈乌紫色，有光泽；平均单果重 11.0 克，可溶性固形物含量 11.6%，可食率 95.1%；肉质柔软，汁多，甜酸适口，风味浓，品质优；适于鲜食、制罐、制汁。在原产地 7 月上中旬成熟。

晚稻杨梅

第四章

杨梅育苗技术

杨梅可用实生、嫁接、压条、分株等方法育苗。随着果树生产技术水平提升，嫁接育苗技术已在果树生产中广泛应用，具有方便、快捷、成活率高等优点，已成为目前杨梅育苗的最主要方式，促进了我国杨梅产业迅速发展。

一、砧木苗培育

1. 苗圃地的选择和准备

宜选在排灌条件良好、土层深厚、质地疏松、有机质含量高的土壤。注意杨梅育苗地不能连作，育苗地宜选择尚未培育过杨梅苗的地块。9月前后，选择晴天深翻土壤，并施入少量腐熟的有机肥，开沟整畦。

2. 种子采集

从优良品种结果树上采集的种子量虽然较大，但存在发芽率低的问题，在苗期容易产生幼苗猝死的现象，一般不用于砧木苗培育。

作砧木用的杨梅种子须采自生长健旺、抗病虫能力强的壮年野生或实生杨梅树，培育出的砧木苗抗逆性强、生长快。野生杨梅种子较小，每千克种子约2 000粒，播种后出芽率可达70%。

在采集杨梅种子时，要对种子的生活力进行抽样检查。抽样时，敲开种子的外种壳，要求种皮不皱缩、有光泽、种仁饱满，种胚和子叶要具有固有色泽、不透明、有弹性，用手指按压时不破碎，无霉烂味。

在杨梅果实充分成熟时，采收充分成熟的野生或实生杨梅树的果实，果实采摘后堆放2~3天，使果肉充分腐烂，也可直接搓揉搅拌，去除果肉，洗净种子并晾干，每 100 千克果实可得种子 8～15 千克，去除瘪子、病虫子、畸形子和杂质，用沙藏法进行种子的贮藏。选通风、阴凉的房间或地下室，在地面铺一层厚约 10 厘米的细湿沙，然后一层种子一层沙，交错放置，使种子与沙均匀混合堆放，堆沙高度以 50～60 厘米为宜，每 5～6 天喷洒一次水，以保持沙堆湿润，贮藏期间忌暴晒。

3. 播种及苗床管理

播种时间：一般在 10 月下旬至 12 月进行。

播种方法：种子，采用撒播法，每亩用种子约 40 千克。采用撒播或条播，播种后，在种子上覆盖约 1 厘米厚的焦泥灰或砂土，再铺上一层稻草。

苗床管理：播后 1 个月内要经常浇水，保持土壤湿润。到 12 月中下旬气温低时对苗床覆膜，注意调节好苗床内的温湿度，幼苗出土后逐步揭去覆盖材料。

4. 移苗及管理

每年 3 月下旬至 4 月上旬，当砧木苗长至 5～6 厘米即有 5～6 片叶时，从苗床移植到苗圃地；苗圃地的准备与苗床地相同。宜在阴天或晴天早晚进行起苗移植，按砧木苗的大小进行分级，种植在不同地块以便管理。株行距 10 厘米 ×20 厘米。

移栽后一周内每天浇水一次，以后定期浇水促进苗木恢复生长。根据苗木长势定期施肥，并做好喷水、松土、清沟、抗旱、防热、除草和防病虫害工作。苗高 40 厘米以上时，摘心控制高度，增加粗度，以利形成壮苗。

杨梅砧木苗

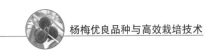

二、嫁接

1. 嫁接时期

一般春季嫁接为主,即每年的2月中旬至4月上旬。福建、广东等地区以2月中旬到3月下旬为宜;浙江、江苏等地区稍迟,以3月中旬到4月上旬为宜。

2. 接穗要求

接穗的选择对嫁接成活率有重要影响。作接穗用的枝条,一定是来自适应当地生长的优良品种,并且是品种纯正、生长健壮、丰产、抗病性强的母株。同时,在选择接穗枝条时,应采集良种已结果树上向阳面及上部发育充实的1～2年生春梢或夏梢,粗度在0.5厘米以上。接穗最好随采随接,这样成活率最高。

3. 嫁接方式

砧木的粗度在0.6厘米以上可用于嫁接,多选用掘接法,即将苗挖起后在室内嫁接,再栽植于育苗地管理。

室内嫁接

嫁接的方式也有很多种,有切接法、劈接法、舌接法、芽接法等。生产上主要采用切接法,选取8厘米长的接穗,削面长2.5厘米,背部削面长0.5～1.0厘米。砧木上也削成相应的切口。将接穗插入砧木切口,使砧木和接穗的形成层贴紧,并用薄膜条绑扎。无论砧木还是接穗,切口和削面必须平滑,接合要严密,形成层要对齐。

田间嫁接

切砧木　　　　　　　　　接穗与砧木贴合　　　　　　　薄膜条绑扎

4. 嫁接后管理

苗圃宜选择在排灌条件良好、土层深厚、质地疏松、有机质含量高、pH值5～6的新垦地，9月进行深翻，开沟施入基肥，每亩施复合肥100千克，然后进行整地、做畦，畦的宽度1.5～2.0米，畦的高度为0.2米。

嫁接好的苗木，要用湿沙盖住根，选晴天栽植。栽植时根据苗木大小分别栽植。株行距10厘米×20厘米。

嫁接后10～15天检查成活率。成活的接穗新鲜，芽眼饱满，接穗与砧木已互相愈合。接穗发黄、干枯或霉烂的，应及时进行补接。抹去砧木上长出的芽。

嫁接后检查成活情况

抹去砧木上长出的芽

夏季做好灌水抗旱工作，并注意病虫害的防治。整个育苗期注意中耕除草，及时除去杂草，肥水管理应以勤施、薄施腐熟人畜粪肥为主，辅以化肥，以满足苗木生长需要的养分条件。施肥应掌握"薄肥勤施，少量多次"的原则，从春季萌芽前至8月底，每月施肥一次。苗期应注意防治炭疽病、潜叶蛾等苗木常见病虫害。

三、容器育苗技术

容器苗实现了带土出圃，它具有苗木整齐健壮、不伤根、定植后成活率高等优点，已被越来越多的地方采用。

杨梅容器育苗与嫁接苗培育相似，嫁接后将苗木种植于容器内，容器直径一般为10~15厘米。由于幼苗根系被限制于容器内，要加强水分管理，防止旱害。

杨梅室内嫁接

嫁接后大田统一管理

容器苗要加强水分管理

杨梅建园

一、栽植地的选择

杨梅喜温暖环境，怕强风、严寒和花期多雨。根系多而旺，具菌根，耐旱耐贫瘠，适应性广，具有与马尾松一样的先锋树种特性，种在山坡的顶部也能正常生长。

杨梅耐阴喜湿，年平均气温 15～21 ℃，最低气温 −9 ℃以上；杨梅果园要求海拔 700 米以下，最适宜的海拔高度为 100～400 米。年降雨量不少于 1 000 毫米的山区，均适宜杨梅经济栽培。

土壤对杨梅种植后结果早晚有较大的影响。砂砾质的红黄壤土通气良好，不易积水，有利于杨梅根系扎入，在这种地块种植的杨梅枝条生长充实、短缩，养分容易积累，投产早。

杨梅果园

二、整地与挖穴

选好杨梅园地，便可开成等高梯田或等环山沟或鱼鳞坑种植，提倡挖鱼鳞坑为主，可以有利水土保持，并造成适宜根系生长的优良环境。杨梅种植密度为每亩 15～40 株。开穴规格为 0.8 米见方，以堆肥、火烧土添加过磷酸钙 0.5 千克或草木灰 1～1.5 千克作基肥，与表土拌匀后施入。

三、栽植方法与时间

用杨梅实生苗或嫁接苗定植，以 2—3 月为最佳。起苗前要适当修剪枝叶，以减少水份消耗；起苗要尽量保持根系完整并用黄泥浆粘根，用尼龙薄膜包裹好运输。

杨梅定植时，剪去全部叶子，留下叶柄，并去掉接穗上的尼龙薄膜，以嫁接口以上 25 厘米左右进行定干，使根系在穴内舒展，逐步回土并将苗扶正踏实。种后浇足定根水，种植后树盘用薄膜或柴草覆盖防止水分蒸发，定期浇水，以提高种植成活率。

剪去叶子定植

苗扶正后将土踩实

四、搭配适宜授粉品种和雄株

杨梅为雌雄异株植物，如栽植地区附近有野生雄株，则可利用其自然授粉，否则要适当配植雄株，以保证正常结果、提高产量。雄株的种植比例一般为 1%～2%。

杨梅果园管理

一、合理施肥

杨梅根系有菌根，自身可固氮，一般不需施大量氮肥，而需高钾肥、适磷肥，特别是高钾肥。最好以含钾肥较多的草木灰和火烧土等作杨梅的主要肥料。实践证明，如经常施用草木灰或火烧土，不但能保证叶色浓绿，而且能促进植株生长，枝梢充实，早结丰产，提高果实质量。凡偏施氮肥的会导致生长的过旺减产，过量则导致植株死亡。施肥量以 10 年生结果树为例，每株用草木灰 10～12 千克或火烧土 50 千克，再加厩肥 25 千克；视植株大小而增减。一般每年施肥 2 次，时间分别在 11 月或 2—3 月、采果后的 7—8 月。

少氮、高钾、适磷搭配施肥

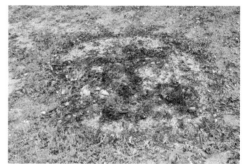

多施草木灰或火烧土

二、整形修剪

杨梅树形以开心形为主，多用圆头形。在每年的 2—3 月和 7—8 月进行轻度修剪，4～5 年就可形成圆头形树冠。定植后在主干 70 厘米处短截定干，对定干后萌发的新梢，在离地面 30 厘米以上选留 3～4 个枝角 50°～60°、生长壮实、方位分布均匀，相互间有一定距离的枝条作为主枝，剪除其余的枝梢，并在各主枝上分别培养 2～3 个副主枝。幼树期的修剪量应尽量减少，使更多的营养供应树冠迅速成长，使之分布合理，层次分明，在 3 年内形成树冠基本骨架，尽早进入结果期。

整形修剪

修剪培育通风透光的枝干

树冠形成进入投产期后，则要有效控制生长，促进花芽形成，从而实现立体结果、连年丰产。成年树的修剪主要是培养丰产的群体结构，调节生长与结实的关系，促进持续、优质、高产。宜以疏删为主，缓和树势，开张侧枝，剪除病虫枝、枯枝、衰弱枝，疏删密生枝，回缩更新下垂枝、衰弱的结果枝组。留枝上部宜稀，下部宜密，立体结果；修剪以秋冬季 11 月为主，采果后为辅。整形修剪分为夏剪（开张角度、摘心、扭梢、抹芽、拉枝、刻剥等）、冬剪（疏删、回缩、短截）等。

未疏枝

疏枝后

三、疏果

杨梅花芽多结果量大，如任其自然结果往往结果过量、个小、质劣和采前落果。疏果时期一般在定果后果实迅速膨大期进行，生产上一般进行 2～3 次疏果，大果型品种如东魁、硬丝安海变，每结果枝 1～2 个果；中小果型的品种如荸荠种、浮宫 1 号，每结果枝 2～3 个果；结果枝较长的可适当多留，结果枝较短的少留果。疏果时，树冠上部的少留，下部多留，促进夏梢多发，形成结果枝，这样可减小大小年结果的现象。

浮宫 1 号杨梅结果状

落子杨梅结果状

疏果前

疏果后

疏果时，手指容易粘满黑色的黏液，可以用粗铁线做成爪子形状的疏果钩，使用时套在结果枝上，轻轻向外拉动疏去果实，留下枝条底部的果实。注意拉动的速度，拉动太快会将叶片带落，慢速拉动对叶片基本没有影响。

杨梅疏果钩   杨梅疏果钩使用后

四、环割和倒贴皮

对于生长过旺、结果差的杨梅植株，通过环割、倒贴皮方法有促进结果的作用。数据表明，生长过旺的树，在直径粗 4 厘米的直立干上进行倒贴皮处理后，其抽生春梢总长度 58 厘米，开花量达 653 朵，坐果率 11.5%。而未进行倒贴皮的，其抽生春梢长 134 厘米，开花 156 朵，坐果率仅 0.2%。

五、树体保护

杨梅大枝干易因日晒或其他原因而枯死，应不使其直接遭受日晒。如见有枯死的大枝，应及早锯去削平伤口，并涂泥浆或接蜡后进行包扎，促进伤口愈合。沿海地区台风频繁，杨梅冠大、根浅，易遭损害，轻则枝梢被折，严重时全株倾斜或拔倒。因此．在台风雨过后，应及时对断枝进行疏剪，植株不宜扶正，并在根际培土，使其及早恢复树势。此外，在建园时应规划种植防风林，加以保护。

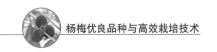

六、杨梅防虫网栽培

杨梅采前受果蝇、大风、暴雨、高温等因素的影响导致产量损失、品质下降的问题很普遍，个别年份可致使劣质果比例达 50% 以上。生产上针对昆虫和采前落果情况进行喷药，虽然也能收到一些效果，但也给杨梅果实带来更多的农药残留和更大的食品安全隐患。

近年来，各地积极推广应用杨梅单株防虫网室，也叫杨梅罗幔、杨梅蚊帐栽培，通过构建防虫网室将杨梅果蝇等害虫隔离在网外，并停止农药使用，获得了显著的成效。防虫网栽培若与避雨栽培相结合，可实现在杨梅果实成熟过程中不用农药，提升果实品质和果品安全，提高种植效益。

避雨栽培的杨梅果实口感好品质优

一般选择管理水平较高和缓坡的果园。要求杨梅树势强健，结果正常，结果量达 30～40 千克以上。通过整形修剪和疏果技术的应用，使杨梅树枝条和果实分布均匀。对挂果过多的杨梅树还须做好疏果工作，保留合理的挂果量。材料选用 40 目防虫网，并根据杨梅树冠大小，制作不同规格的网帐，搭建毛竹支架。单株网帐覆盖时间，宜在杨梅采前 40～50 天，选择相应的网帐规格进行单株全树覆盖。网帐采用 1 株杨梅 1 顶帐，先于杨梅树中心位置，竖立 1 根比杨梅树高 50 厘米的毛竹，并固定。按树形大小取一定长度的竹片 4 片，在竖立的毛竹顶端形成 2 个十字交叉，竹片端部用绳子拉下来，形成一个弧度，并固定在地桩上，然后在架面上覆盖 40 目防虫网帐。挂网帐时，防虫网与杨梅枝梢应保留一定的空间。若搭架不够宽敞，防虫网紧压杨梅枝梢的，应采取补救措施，否则会出现果实腐烂和虫害。宜用小竹竿将防虫网向外顶，防虫网离开杨梅枝叶达 20 厘米的距离。同时要仔细检查网帐底部四周是否压实，拉链开合处是否完全关闭，保证整个防虫网帐没有让害虫自由出入的空隙。要经常检查网帐是否完好，尤其是遇到大风等恶劣天气后，应及时进行修复。人员进出网室采收杨梅果实，应及时关闭。

杨梅防虫网栽培

杨梅防虫网栽培

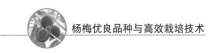

七、杨梅避雨栽培

杨梅成熟期正是梅雨季节，雨水多、湿度大、采前落果重，影响果实品质和果品贮运。杨梅避雨栽培有避雨、降低病害的作用，同时还能提高果实可溶性固形物含量、提升品质的作用。生产上一般采用搭建单株棚架、连体棚架和避雨伞的形式。以提早成熟为目的大棚促成栽培模式，可实现提早上市和避雨双重目的，但需要注意大棚结构、光温管理、整形修剪、授粉促果、肥水管理和病虫害防控等技术环节的科学管理，否则影响产量和效益。

1. 避雨设施的类型

（1）简易伞形

依树搭建避雨伞，即一株杨梅一把伞。在杨梅树的中心位置，竖一根比杨梅树高出 50 厘米的钢管或毛竹，并固定；按树形大小取 4 根钢管或毛竹，在竖立的钢管或毛竹顶端形成 2 个十字交叉，端部用绳子拉下来形成一个弧面；最后在架面上覆透明薄膜或防虫避雨网。1 个架子一般可用 3 年，结构简单、操作轻便、比较固定、抗风力较强、省工、省材、成本低，不伤果实及枝叶，易于推广。但仅适用于树冠比较矮小的杨梅树。

避雨伞

（2）钢架大棚

利用钢架大棚作为避雨设施，大棚跨度 5～8 米，棚顶高 3.5～4 米，大棚长度根据园地实际情况决定。

杨梅连栋钢架棚架避雨棚

杨梅竹架避雨大棚　　　　　　杨梅竹架大棚促成栽培

2. 覆膜、揭膜期

选用 0.065～0.12 毫米厚的无滴防尘抗老化的聚乙烯薄膜。在杨梅成熟前 10～15 天盖膜防雨，杨梅果实采收后 5～8 天揭膜。

3. 肥料管理

在杨梅果实采收后，施用杨梅专用缓释肥：（$N-P_2O_5-K_2O$ 为 15-4-20），及含黄腐酸钾 >12%、有机质 >50% 的杨梅专用有机钾肥。20 年以上的结果树，在树冠滴水线处挖深 30 厘米、宽 20 厘米的环状沟，每株施 0.5～1.0 千克杨梅专用缓释肥和 4 千克杨梅专用有机钾肥。

4. 树体调控

设施内栽培的杨梅植株应进行树冠矮化处理，控制树高 2.5～3.0 米。疏除掉树冠中间直立大枝，剪除顶上直立徒长枝、交叉枝、密生枝等，整体修剪量应控

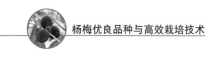

制在生长量 20% 以内。

树冠外围及顶部的结果枝组，采用拉枝、疏删和回缩的方法减少枝量；对下部或内膛的结果枝级，可短截部分枝条，促进抽生强壮枝，以便更新结果枝组，保持内膛结果旺盛，使整个树冠的枝梢分布为"上少下多、外疏内密"的立体结果格局。盛产树的主干或主枝上的徒长枝要全部删除，剪除过密枝、交叉枝、病虫枝、枯枝。

5. 果实调控技术

每年 4 月至 5 月上旬对大年树和衰弱树适当疏果，以恢复树势，提高果实商品性。在黄豆大小时开始疏果，疏果宜早不宜迟。成年树每结果枝留果大、外观完整的上部果 2 个，疏去枝条基部果、病虫果、小果和多余果，全树留出 50%、树冠顶部及外围 20% 左右的不结果枝，以促进抽生夏梢为明年的结果枝，减少大小年结果现象。

杨梅主要病虫害防治

一、病虫害防治原则和防治方法

1. 病虫害防治原则

由于杨梅果实外无果皮保护，采后即时鲜食，随着人民生活水平的提高和健康消费观念的变化，对杨梅果实品质和食用安全提出了更高的要求。特别为确保杨梅果实品食用安全性，杨梅病虫害的防治必须遵循"预防为主，综合防治"的植保方针，按照无公害杨梅安全生产要求，以改善果园生态环境，加强栽培管理为基础，优先选用农业和物理防治，积极进行生物防治，注意保护利用天敌，充分发挥天敌的自然生态调控作用；根据病虫害的发生规律，科学使用化学防治技术，选用高效生物制剂和低毒低残留的环境友好型化学农药，改进施药技术，最大限度地降低农药用量，并注意轮换使用和农药使用安全间隔期，从而达到安全、合理、经济、有效地将病虫害控制在安全水平范围内，减少果园环境污染和果品污染，促进杨梅产业的可持续发展。

2. 防治方法

（1）加强植物检疫

对于新建或改接的杨梅果园，都应加强检疫，避免带病虫的苗木和接穗，从源头上防治病虫害的发生。

（2）农业防治

①引进和选育对当地主要病虫害具抗逆性的杨梅优良品种。

②加强冬季清园，搞好果园清洁，控制病虫害初浸染源。

及时清除病虫为害枝，虫害果。冬季清园彻底扫除落叶、刮除粗皮和铲除杂

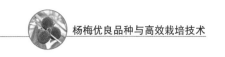
草等，集中烧毁或深埋。

③加强果园管理。加强果园肥水管理，平衡施肥，多施有机肥料和钾肥，适时修剪改善通风透光条件，实行初冬果园深耕等，以增强树势，提高树体抗性。

④果实转色后进行设施避雨栽培，降低湿度，减轻病害发生。

（3）物理防治

①诱集杀灭。加盖防虫网，安装杀虫灯、色板、昆虫物理诱粘剂、昆虫信息素、糖醋液等诱杀害虫。利用灯光诱杀蛾类、白蚁类和金龟子类等成虫；堆草诱杀白蚁类。

②人工捕杀。卷叶蛾、尺蠖、蓑蛾类、天牛类、金龟子类、蚱蝉等幼虫、卵块、成虫或虫茧。

太阳能灭虫器

果蝇诱粘剂

（4）生物防治

①保护和利用自然天敌。保护和利用瓢虫类、寄生蜂类、寄蝇类、草蛉类、螳螂、蜻蜓和鸟类等天敌，以维持自然界生态平衡，生产无污染果品。

②应用微生物农药。利用以菌治虫和微生物及其产品防治病虫如乙基多杀霉素、苏云金杆菌（BT）、白僵菌等。

（5）化学防治

①合理选择药剂。坚持科学用药的原则，严格执行化学农药种类使用规定，控制农药品种；主要选择使用矿物源、高效生物制剂和低毒低残留的环境友好型化学农药。注意农药的交替使用和混用，避免病虫害产生抗药性，以提高防治效果。

②适时适量精准用药。以预测预报为基础，依据病虫害的发生规律和防治指标抓住防治的关键时期；严格的控制用药量，将单位面积上的用药量压缩到最经济的限度，并注意农药使用的安全间隔期。

③改进喷药技术，提高农药喷洒质量。农药喷洒质量的高低直接关系到病虫害的防治效果。在喷药时应确保果树片正反两面，树冠内外上下，包括树干都要喷洒细致周到，防止漏喷而致防治病虫漏网。

④实行区域性联防联治。目前，果园大多都是以户为单位分散经营，独立管理。因此对集中连片的果园，果农间应进行联防联治，在一定时间内统一喷药，才能减少区域内病虫害再侵染、再传播的现象，避免重复防治带来生产成本的增加。

二、杨梅主要病害及其防治

目前，我国已知为害杨梅病害有 20 多种，按病因可分为两大类，即侵染性病害和非侵染性病害（生理病害）。前者是由病原物引起的，后者是由不良的外界环境条件引起的。

侵染性病害：杨梅凋萎病、杨梅干枯病、杨梅根腐病、杨梅癌肿病、杨梅枝腐病、杨梅赤衣病、杨梅褐斑病、杨梅白腐病、杨梅储藏期病害和杨梅根结线虫病等。

非侵染性病害（生理性病害）：杨梅小叶病、杨梅梢枯病、日灼病和杨梅肉葱病等。

1. 杨梅凋萎病

杨梅凋萎病是近年新发现的一种为害杨梅的主要病害，该病发病快，传染性强，呈不断蔓延发展的趋势，严重时导致大面积毁园，制约杨梅产业的发展。

[病原菌]

异色拟盘多毛孢和小孢拟盘多毛孢引起的真菌病害。该病原菌主要定殖于杨梅枝干及嫩枝韧皮部，高湿环境有利于病菌的繁殖。

[为害症状]

症状主要出现在夏末秋初，首先嫩梢出现干枯，叶片失绿，1～2 个月后干枯叶片逐渐脱落，常在叶痕处有白色霉层覆盖，直至整棵树枝条干枯。春季发病症状有所减轻，但到秋季又出现更为严重的发病症状，发病枝梢增加、树势进一步变弱，病情逐年加重，如此反复2～4年后整树枯死，并伴随枝干韧皮部开裂，根系枯死。如不及时采取防控措施，导致大面积毁园。

发生凋萎病的杨梅枝 部分病枝的叶脉脱落处有白色霉层

［防治方法］

①加强植物检疫。避免带病苗木。

②注重冬季清园，采用药剂防控。冬季用专用剪刀或锯子将病枝、枯枝采用疏删方法进行修剪，再清理地上落叶、落枝，最后全树冠喷洒石硫合剂。

③加强果园管理。培养健壮的树体增强其自身的抗病能力，提倡以施用有机肥为主，复合肥为辅。

④合理修剪。病株在任何时候修剪均需专用剪、专用锯，且要及时涂抹伤口保护膜，及时清理（烧毁）剪除或锯去之枝叶与落叶。因此，对轻度或中度感病后的枝叶，建议暂时不要剪除或锯去，待该病治疗康复后方可。对健壮成年树，如需大枝修剪时其量不宜过大。

⑤药剂防治。选择咪唑类、三唑类和醚菌酯类内吸性好的杀菌剂进行喷药防控对发病果园可能在剪除病枝后用咪鲜胺等内吸性好的杀菌剂进行防治。

2. 杨梅干枯病

杨梅干枯病属于真菌病害，主要为害杨梅的枝干，引起枝干枯死，尤以树势衰弱的老杨梅树上发病较多。

[病原菌]

真菌半知菌亚门腔胞菌纲黑盘孢目黑盘孢。

[为害症状]

初期症状为出现不规则的暗褐色病斑，随着病情的发展，病斑不断扩大，并沿树干向下发展，病部失水而成稍凹陷的带状病斑，与健康部位之间有明显裂痕。在发病后期，病斑表面着生许多黑色小粒点，为分生孢子盘，初埋于表皮层下，成熟后突破表皮而出，使皮层出现纵裂或横裂的开口。发病严重时，病部深达木质部，当病斑蔓延环绕枝干一周时，枝干即枯死。

[发病规律]

该病菌是一种弱寄生菌，一般从伤口侵入，当杨梅树体衰弱时才会在树体内扩展蔓延，故发病轻重与树势关系密切。

[防治方法]

①加强肥水管理。培育健康强壮树势是避免突发性干枯病侵蚀的最有效的办法，及时增施有机肥和钾肥，避免偏施氮肥，增强树势，提高树体抗性。

②减少树体伤口。在农事操作时（特别是采收）避免损伤树皮，及时防除害虫，减少树干伤口，防止病菌侵入。

③保护伤口。及时清除病死枝条和早期刮除病斑，并集中烧毁。在伤口和病斑处涂抹以 1∶0.5∶100 波尔多液或 3～5 波美度石硫合剂进行保护。

3. 杨梅根腐病

杨梅根腐病主要为害杨梅的根系，先从杨梅细根发病，再向侧根、根颈及主干扩展蔓延，最后引起全树衰败，甚至枯死。

[病原菌]

子囊菌亚门座囊菌目的葡萄座腔菌，无性阶段为球壳孢目的小穴壳菌。

[为害症状]

症状分为急性青枯型和慢性衰亡型。树体发病后，主要表现为地上枝叶急速青枯、地下根群霉烂。树冠较小的树从发病到全株枯死在夏秋高温季节仅几天时间，树冠较大的也仅能维持 1 年左右，仅有极个别植株能维持 2 年左右时间。

病株大量落叶 病树结果多

[发病规律]

该病是一种真菌性病害，从伤口侵入，或从根系的细根上开始发病，而后向侧根、根颈及主干扩展蔓延，在病根的横断面上可见两个褐色坏死环，即为根的形成层和木质部维管束变褐坏死的环，最后导致树体衰败直至枯死。其中急性青枯型主要发生在 10～30 年生的盛果树上，占枯死树的 70% 左右；慢性衰亡型主要发生在衰老树上，一般从出现病症到全株枯死，需 3～4 年。

[防治方法]

①改善土壤质地，适当增加沙砾土，提高土壤通透性，防止积水。

②增施有机肥料和钾肥，增强树势，提高抗病能力。

③发现病株及时挖除并集中烧毁。

④对于病害发生严重的园地，应先耙开土壤，剪除病根，撒上生石灰。

⑤灌根。病情属中轻类型，每株土施多菌灵可湿性粉剂或托布津可湿性粉剂 0.25～0.5 千克。即扒开根部土壤，浇灌 80% 乙蒜素乳油 50～100 倍液，或用 50% 多菌灵可湿性粉剂 800 倍液，或用 70% 甲基托布津可湿性粉剂 600 倍液，或用 70% 甲基硫菌灵可湿性粉剂 600 倍液。

4. 杨梅癌肿病

杨梅癌肿病是一种细菌性病害，主要为害杨梅树干和枝条，尤以 2 年生和 3 年生枝梢受害最为严重，是杨梅枝干上为害最严重的病害。

[病原菌]

丁香假单胞菌杨梅致病变种。

［为害症状］

发病初期在被害枝上产生乳白色小突起，表面光滑，后逐渐增大形成肿瘤，表面凸凹粗糙不平，木栓质变坚硬变成褐色或黑褐色，严重时造成病枝枯死。

杨梅癌肿病

［发病规律］

该病原菌主要在树枝上或果园地面残留的枝梢病瘤内越冬。春季病菌在病瘤表面溢出菌脓，随着春雨的增多而从杨梅的伤口和叶痕处侵入，也可通过人为活动或昆虫体表携带病菌等方式进行传播和扩散，5—6月多雨有利于发病。果园管理差、积水、树势衰弱发病严重。幼树和苗木上发病较少，而结果树上发病较多。

［防治方法］

①做好植物检疫工作。禁止在病树上剪取接穗，禁止调运带病菌苗木。新区一旦发现病树应及时砍去并烧毁。

②加强栽培管理。改善土壤质地，适当增加沙砾土，提高土壤通透性，防止积水。增施有机肥料和钾肥，增强树势，提高抗病能力。

③春秋两季雨后和冬季清园，剪除病枝，削去病瘤，并集中烧毁。在伤口和病斑涂抹3～5波美度石硫合剂、80%乙蒜素乳油（402抗菌剂）50～100倍液或农用链霉素200毫克/千克进行消毒保护，15天后再涂一次。

5.杨梅枝腐病

主要为害杨梅枝干的皮层，多见于老树发病，严重时枝干腐烂枯死，导致树体提早衰败。

［病原菌］

真菌子囊菌亚门、核菌纲、球壳菌目、黑腐皮壳属。

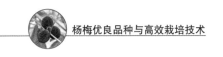

［为害症状］

枝干皮层被害初期，病部呈红褐色，略隆起，组织松软，用手指压病部会下陷。后期病部失水干缩，变黑色下凹，其上密生黑色小粒点（即孢子座），在小粒点上部长有很细长的刺毛，状似白絮包裹，枝枯萎，这一特征可区别于杨梅干枯病。

［发病规律］

病菌是一种弱寄生菌，一般从枝干皮层的伤口侵入。以雨水或流动水滴传播。树势生长衰弱，受冻害，日灼或其它损伤后易发病，一般老树发病较重。

防治方法

①加强栽培管理，土壤及时增施有机肥料和钾肥，叶面喷布硼肥，增强树势。

②减少树体伤口。在农事操作时（特别是采收）避免损伤树皮，及时防除害虫，减少树干伤口，防止病菌侵入。露阳的枝干要及时涂白或包扎。涂白剂配方：生石灰 1 千克，食盐 0.15 千克，植物油 0.2 千克，水 8 千克，石硫合剂少量。

③保护伤口。及时清除病死枝条和早期刮除病斑，并集中烧毁。在伤口和病斑处涂抹以 1∶0.5∶100 波尔多液或 3～5 波美度石硫合剂进行保护。

6. 杨梅赤衣病

［病原菌］

真菌界担子菌亚门，层菌纲，非褶菌目，伏革菌。

［为害症状］

主要为害杨梅的枝干，多在枝干分叉处发生。被害处覆盖一层橘红色霉层，之后逐渐蔓延扩大龟裂成小块，树皮剥落，露出木质部，使上部的叶片发黄并枯萎，导致树势衰退，果型变小，品味变酸，最后枝条枯死，直至全株枯死。该病在果园中的 6 月最易发现，其明显的特征是受害处覆盖一层薄的粉红色霉层，故名赤衣病。

［发病规律］

该病菌以菌丝在病部越冬，次年春季气温上升、树液流动时开始活动，向四周蔓延扩展，并在老病斑边缘或病枝干阳面产生粉状物，由风雨传播，从树体伤口侵入为害。潜伏期较长，4～5 个月。该病发生与温度和雨量关系密切，温暖多雨，有利于病菌孢子的形成、传播、萌发和入侵。一般树龄大、管理粗放、土壤黏重，积水的果园发病也较重。

杨梅赤衣病

［防治方法］

①严格检疫。不从病区引种杨梅苗和接穗。

②加强管理。清除果园杂木、做好排水防涝、加强整枝修剪、增施有机肥料和钾肥、提高树体抗病能力。

③冬季清园。清除园内病枝落叶，剪除枯枝、病枝，集中烧毁或掩埋；对树冠、地面喷施3～5波美度石硫合剂，或用草把或旧衣服蘸在主干处涂以80%石灰水。

④药剂防治。发病初期，用刀刮除病斑，在伤口和病斑处涂抹以1：0.5：100波尔多液或3～5波美度石硫合剂进行保护。发病初期，可用80%波尔多液400～600倍液或30%碱式硫酸铜悬浮剂300～430倍液喷洒树体枝干，1个月后再喷，连喷2～3次。

7.杨梅褐斑病

［病原菌］

子囊菌亚门、腔菌纲、座囊菌目、座囊菌料的真菌。

［为害症状］

主要为害杨梅叶片，初期在叶面上出现针头大小的紫红色小点，以后逐渐扩大为圆形或不规则形病斑，中央呈浅红褐色或灰白色，边缘褐色，直径4～8毫米。后期在病斑中央长出黑色小点（病菌的子囊果），当病斑逐渐联结成斑块，

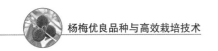

病叶就干枯脱落，受害严重时全树叶片落光，仅剩秃枝，直接影响树势和产量和品质。

杨梅褐斑病

［发病规律］

该病菌以子囊果在落叶或树上的病叶中越冬。一年发病 1 次，无再次传染现象。该病发病轻重与 5—6 月雨水多少以及园内潮湿和树势强弱关系密切。雨水少、发病轻，反之发病重。在土壤瘠薄、缺少有机质的情况下，树势衰弱，容易发病。在排水良好的沙砾土或阳光充足的杨梅园发病较轻。

［防治方法］

①冬季清园时，剪除病枯枝，扫除落叶，并集中烧毁。采用 3～5 波美度石硫合剂喷洒全株树冠及地面。

②加强管理。结合深翻改土，并多施有机肥和硫酸钾、草木灰等含钾高的肥料，注重排水防涝，剪除过密枝，改善通风透光条件，降低园间湿度，增强树势，提高抗病能力。

③药剂防治。结果树宜在春梢嫩期或采果后进行喷药防治，使用 6% 井冈·嘧苷素水剂 200～400 倍液，或用 68% 精甲霜·锰锌水分散粒剂 600～800 倍液，或用 450 克/升咪鲜胺水乳剂 900～1 350 倍液，或用 33.5% 喹啉铜悬浮剂（必绿）1 000～2 000 倍液等。喷遍树冠、枝干、叶片正反面及地面。

8. 杨梅白腐病

又称杨梅白腐烂，俗称烂杨梅。主要为害杨梅果实的一种真菌性病害，被害植株 30% 以上果实腐烂，严重者达 70% 以上，被害果不能食用。

［病原菌］

属真菌界半知菌亚门子囊菌核盘菌，主要以青霉菌和绿色木霉为主。

［为害症状］

一般在杨梅开采后的中后期，在果实表面上滋生许多白色霉状物（即白腐烂）。随着时间的延长，比白点面积会逐渐增大，一般不到 2 天，得病杨梅实即脱落。

杨梅白腐病树上发病果　　　　　　　　杨梅白腐病的发病果

［发病规律］

果实成熟期雨水越多，杨梅成熟度越高，果实越易软腐，病菌越易滋生，发病越猖獗。病菌在腐烂果或土中越冬，靠暴雨冲击将病菌飞溅到树冠近地面的果实上，后再经雨水冲击，致使整个树冠被侵染。

［防治方法］

①架设避雨设施。选用伞式、棚架式、天幕式等避雨设施。在果实转色期开始架设，直至采摘结束。

②改善树冠通风透光条件。利用大枝"开天窗"修剪技术，减轻病害的发生。

③及时采摘。由于该病的发生与水分关系密切，因此关键是及时做好抢收工作。

④药剂防治。在杨梅果实硬核着色进入成熟期之间，使用 450 克 / 升咪鲜胺水乳剂 1 500～2 500 倍液，或用 10% 抑霉唑水乳剂 500～700 倍液，或用 250 克 / 升嘧菌酯悬浮剂 3 333～5 000 倍液，或用 250 克 / 升吡唑醚菌酯乳油 1 000～2 000 倍液。

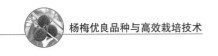

9. 杨梅贮藏期病害

[种类]

以真菌类病害为主，主要有以下几种。

①杨梅轮帚霉是杨梅果实主要病害之一，发生普遍，为害严重。果实感病后3天，表面出现灰黄色绒毛状菌丝，菌丝体不断向周围扩散，产生粉红色、针尖大小、带有黏液的孢子头。

②橘青霉。受害杨梅果实发软腐败。此病发生普遍，蔓延快，鲜果存放1天发现霉变，3天病果率 15.5%，5天后达 81.5%。

③绿色木霉。受害杨梅果实发软腐败。

杨梅贮藏病害

[防治方法]

①采收时尽可能避免人为或机械损伤。

②贮藏杨梅宜在成熟度为 8～9 成时采收。

③贮藏前，采用紫光灯进行物理杀菌。

④杨梅果实贮藏期，采用低温、适湿的环境控制。温度保持在 2～4 ℃、相对湿度为 80%～90% 的环境中。

⑤及时检查，发现病果立即处理。

10. 杨梅根结线虫病

[病原菌]

由多种根结线虫引起，其中主要有 3 种：爪哇根结线虫、南方根结线虫和北方根结线虫。其中以爪哇根结线虫为优势种。

[为害症状]

杨梅根结线虫病，又称杨梅衰退病，主要侵害杨梅树根部，从根尖幼嫩部位入侵，致使树体生长衰弱，叶片褪绿黄化、叶片变小、质脆僵硬，新梢少而纤弱，落叶和形成枯梢等典型的衰退症状。重病树坐果期发生枯梢或全株枯死，病果呈僵果悬挂于枯枝上。根系产生大小不一的根结，根结单独形成时呈球形或椭圆形，多个根结相互联结形成根结块。根结线虫侵染的根系后期变黑腐烂，极少或不形成根瘤菌根。

杨梅根结线虫为害果园

杨梅根结线虫为害树

[发病规律]

根结线虫主要分布在 20 厘米表层土内，以 3～10 厘米最多。主要以卵及少量雌成虫在根结中越冬。病区中病树初期呈核心分布，之后迅速向四周扩展，2～3 年后整个种植区的树发病，中心病株相继死亡。田间由土壤和流水传播，远距离传播主要依靠种苗调运。

[防治方法]

①选用无病土育苗，严格检疫，防止病苗传入无病区及保护新区。

②温汤处理。移栽前对苗木消毒，可在移栽前用 48 ℃恒温热水浸根 15 分钟。

③调节 pH 值。正常树和轻度发病树的土壤 pH 值为 5.2～5.3，严重发病树的土壤 pH 值为 5.0 以下。对病树采用加客土改良根际土壤，施石灰调节土壤 pH 值，增施有机肥料（特别是钾肥）增强树体抗性。

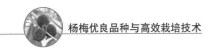
11. 杨梅肉葱病

俗称杨梅花、杨梅火、杨梅虎、肉柱分离症、肉柱萎缩病。是杨梅果实生长期的一种主要的生理性病害，严重影响了杨梅产量、外观和品质。

[为害症状]

发病初期，杨梅幼果表面破裂，绝大多数肉柱萎缩而短、细、尖，少数正常发育的肉柱显得长又外凸，状似果实上的小花。或绝大多数肉柱正常发育，而少数肉柱发育过程中与种核分离而外凸，并且以种核嵌合线上的肉柱分离为多，成熟后色泽变为焦黄色或淡褐色，形态干瘪。

[发病规律]

一般长势过旺的树冠中、下部或内膛，或长势过弱、树势健壮却结果较多的树，或褐斑病发生较多的衰弱树，或土壤有机质缺少而出现缺硼、缺锌症状的结果树，为害严重，其果实提早脱落；轻度被害的树，其果实也失去商品价值。在硬核后至果实成熟时，肉眼最易发现；干旱的年份较重。

[防治方法]

①加强培育管理，维持中庸树势。树势弱的，应在立春和采果后，及时增施有机肥和钾肥，以增强树势和提高树体的抵抗力；树势强的，应在生长季节，人工疏删树冠顶部直立或过强的春梢，并控制使用多效唑，使树冠中下部通风透光。

②多施有机肥和钾肥，满足供应硼、锌等微量元素。

③控梢控果。控制夏梢（结果母枝）在 15 厘米以下，按叶果比 50：1 疏花疏果，严格控制结果量。

杨梅肉葱果

12. 杨梅小叶病

因杨梅树体缺锌引起的生理性病害。

［为害症状］

表现为新梢及细嫩叶肉褪绿、斑驳、黄化，叶脉及附近叶肉组织仍为绿色；叶片变小，直立、丛生。病叶小、畸形、叶脉间有失绿或白化，并常出现不规则的斑点，这些特征是区别于杨梅梢枯病。

［发病规律］

该病多发生在树冠顶部，中下部枝叶生长正常。一般南坡向阳或土层浅的地方，该病发生较严重。从品种来说，发病重轻程度依次为：木叶种＞杨柳种＞刺指＞早梅＞野生种

［防治方法］

①喷施硫酸锌。在开花抽梢期（3—4月），喷施0.2%硫酸锌水溶液。并适当剪去树冠上部的小叶和枯枝，促发新枝新。

②土施硫酸锌。早春或夏末秋初，量视树体大小，在树冠地面浅施硫酸锌每树25～100克。

③加强培育管理，多施有机肥，切忌偏施、多施磷肥，否则会诱发小叶病的发生。

杨梅小叶病

13. 杨梅梢枯病

因杨梅树体缺硼引起的生理性病害。

[为害症状]

杨梅小叶、梢枯、枝丛生、不结果或很少结果，节间短，新梢顶芽萎缩。叶形狭小，叶色暗而无光泽，叶质脆硬，顶叶焦枯成紫褐色，丛簇状小枝一般当年秋后即枯死，犹如火烧，严重影响杨梅树势和产量。

[发病规律]

在全国杨梅各产区均有发生，发病轻者仅在部分枝梢上发病，也有只在树冠顶部发病而四周正常。重者可全树发病，甚至整株死亡。该病的发生与果园地势、土质类型、管理有关。红紫沙土、红紫泥土重于黄泥沙土和黄红泥土；土层浅重于土层深；坡向朝南重于朝北；春季干旱年份重于多雨年份；不施有机肥、多施过磷酸钙的发病重；杨梅各品种间感病性也存有一定差异。

[防治方法]

①土施硼砂。杨梅采收后，根据树冠和树体大小，每树穴施50～100克硼砂加100～200克尿素，用细土混合以后在树冠外围沥水线附近开沟施入，撒后盖土。

②树冠叶面喷施硼肥。一般在花芽萌动前和初花期，剪去丛生枝，枯死枝，用0.2%硼砂（或硼酸）加0.4%尿素的混合液喷施1～2次，连续2～3年，以喷湿树冠为度。也可在果实采后喷施，选阴天或晴天早晚喷施，以喷湿叶片正反两面为度。

③增施腐熟的有机肥或土杂肥，每年每株杨梅施50～100千克猪厩肥。

④施用过磷酸钙、草木灰等磷钾肥时，配施硼肥。

杨梅梢枯病

三、主要虫害及防治

为害杨梅的害虫种类较多,各产区也不相同,常见的为害较重的害虫主要有以下几种:杨梅果蝇、卷叶蛾类、杨梅枯叶蛾、蓑蛾类、油桐尺蠖、马毛松毛虫、介壳虫类、白蚁、天牛和黑蚱蝉等。

1. 杨梅果蝇

杨梅果蝇是为害杨梅果实最严重的害虫,属双翅目果蝇科,危害杨梅的种类主要有黑腹果蝇、拟果蝇、高桥氏果蝇和伊米果蝇。

[为害特点]

果蝇主要发生在 9~10 分熟的杨梅果实上以及采摘后的贮藏过程中。杨梅进入成熟后,果实变软,雌成虫产卵于果实表面,孵化后的幼虫蛀食果实。受害果凹凸不平,果汁外溢和落果,使产量和品质下降,影响鲜销、储藏、加工及商品价值。

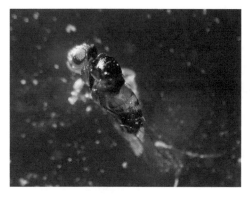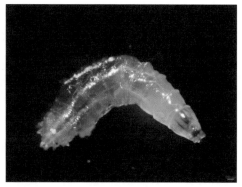

| 杨梅果蝇蛹 | 杨梅果蝇幼虫 |

［防治方法］

①冬季清园。应对杨梅全树冠和树冠投影的地面上喷洒石硫合剂，也可在杨梅果蝇越冬成虫羽化前深翻土壤。

②加强管理，清理落地果。合理施肥灌水，增强树势，提高树体抵抗力；剪除病残枝及茂密枝，加强果园通风透光，采摘前 1 个月铲除果园杂草和扫除腐烂杂物及发酵物，及时清理落地果，集中烧毁或掩埋，压低虫源基数。

③药剂喷施落地果。在成熟期前先用低毒低残留的 1.8% 阿维菌素喷洒落地果，喷后及时清理送出园外掩埋。

④灯光诱杀。每亩（1 亩约等于 667 平方米，1 公顷 = 15 亩，全书同）安装 1 盏黄绿光灯（杨梅果蝇趋性最强的光源波长为 560 纳米）或每 30 亩安装 1 盏频振式杀虫灯诱杀杨梅果蝇成虫。

⑤采用防虫网覆盖。杨梅采收前 40 天挂上 40 目的防虫网进行单株全树覆盖，采收前 10 天在顶端装上防雨布，彻底阻断果蝇等害虫对杨梅的危害。

⑥药剂防治。在果实硬核期至成熟期前 15 天，选用 60 克 / 升乙基多杀菌素悬浮剂 1 500～2 500 倍液喷雾，每季度最多使用 1 次；在果实硬核期至成熟期之间，将 0.1% 阿维菌素浓饵剂稀释 2～3 倍（180～300 毫升 / 亩）后装入诱集铁罐悬挂于树冠中下部进行诱杀，20 罐 / 亩，每季度最多使用 1 次。

2. 卷叶蛾类

杨梅卷叶蛾属鳞翅目卷叶蛾科，主要包括褐带长卷叶蛾、小黄卷叶蛾、拟小黄卷叶蛾、圆叶小卷蛾和拟后黄卷叶蛾等，系杂食性害虫，也可为害柑橘、茶叶、黄豆等作物。

［为害特点］

以幼虫在初展嫩叶端部或嫩叶边缘吐丝、缀连叶片呈虫苞，潜居缀叶中食害叶肉。当虫苞叶片严重受害后，幼虫因食料不足，再向新梢嫩叶转移，重新卷叶结苞为害。杨梅新梢受害后，枝条抽生伸长困难，生长慢，树势转弱。严重为害时，新梢一片红褐焦枯，对杨梅幼树提前结果，早期丰产及产量都有很大影响。

［防治方法］

①冬季清园。剪除虫苞及过密枝，铲除杂草，扫除枯枝落叶，减少越冬虫口。

杨梅卷叶蛾危害

②及时人工摘除卷叶或剪除被害枝梢，集中杀灭。

③在各代低龄幼虫期喷药防治。药剂可选用 5% 甲氨基阿维菌素苯甲酸盐乳油 4 000～6 000 倍液。

④用核型多角体病毒进行生物防治，或在卷叶蛾产卵期释放松毛虫赤眼蜂，每亩每次放 2.5 万头，每代卷叶蛾放蜂 3～4 次效果好。

⑤成虫盛发期安装黑光灯诱杀成虫，或用糖酒醋液（红糖 1 份、黄酒 2 份、食醋 1 份、水 6 份混合而成）。

3. 杨梅枯叶蛾

杨梅枯叶蛾又名杨梅毛虫、杨梅老虎，主要有油茶枯叶蛾和栗黄枯叶蛾，均属鳞翅目枯叶蛾科，系杂食性害虫，还可为害油茶、板栗、麻栎、锥栗等。

栗黄枯叶蛾幼虫

［为害特点］

以幼虫取食杨梅叶片，为害严重时整株或成片杨梅的叶片被吃光。虫称大，台量多，为害时间长，被害枝多枯萎，甚至全树死亡。被害时树体生长削弱，影响当年和翌年产量。

［防治方法］

①人工捕杀幼虫、卵块和虫茧。其中，卵块上覆有灰白色或黄白色片状鳞毛，长条形状似毛虫。

②灯光诱杀。7月上中旬或10月中下旬成虫羽化期，园中每亩设置1盏黑光灯，放一水盆，在水的上面，倒一层柴油或废机油，诱杀成虫。

③药剂防治。低龄幼虫期，可选用药剂5%甲氨基阿维菌素苯甲酸盐乳油4 000~6 000倍液。

4. 蓑蛾类

蓑蛾类害虫属鳞翅目蓑蛾科，又称袋蛾，系杂食性害虫。为害杨梅的蓑蛾主要包括大蓑蛾、桉蓑蛾、小（茶）蓑蛾和白囊蓑蛾。

［为害特点］

雌雄异体。雄蛾有翅膀，待羽化成虫后，就从袋囊中飞出去；而雌性成虫无翅，永远钻在袋囊中。主要以幼虫负囊咬食新梢叶片成孔洞或缺刻，食尽叶片，可环状剥食嫩枝皮，引起枝梢枯死，甚至全树死去，严重影响杨梅的开花结果及树体的生长。

蓑蛾的护囊

［防治方法］

①人工及时摘除虫囊。幼虫为害初期易发现时人工摘除。

②冬季结合修剪，剪除越冬幼虫护囊并集中烧毁。

③药剂防治。在幼虫孵化盛期和低龄幼虫期，可选用药剂 35% 氯虫苯甲酰胺水分散粒剂 17 500～25 000 倍液，安全间隔期为 30 天。注意事项在傍晚时喷洒，喷药量要多，必须使护囊充分湿润为宜。

④灯光诱杀。安装黑光灯诱杀成虫。

5. 油桐尺蠖

油桐尺蠖属鳞翅目尺蛾科，又称大尺蠖、和造桥虫等，是一种杂食性的食叶暴食性害虫。

油桐尺蠖

［为害特点］

主要以幼虫咬食叶片为主，以阴天和夜晚食量最大，发生猖獗时，把叶片全被吃光，仅剩枝干和叶脉，似火烧。

［防治方法］

①冬季翻耕，冻死土中越冬虫源。

②人工清除卵块和捕杀幼虫，集中烧毁或土埋。

③幼虫老熟期，在树冠下铺设塑料薄膜，上撒 10 厘米厚的潮润泥土，引诱幼虫入土，集中烧毁。

④药剂防治。在幼虫危害期，可选用药剂 5% 甲氨基阿维菌素苯甲酸盐乳油 4 000～6 000 倍液，或用 35% 氯虫苯甲酰胺水分散粒剂 17 500～25 000 倍液。

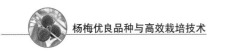

6. 马尾松毛虫

马尾松毛虫属鳞翅目枯叶蛾科。

[为害特点]

以初孵幼虫群集新梢上，食害嫩叶，仅留下叶片表皮。约一星期后，开始分散食害，食量大增，将叶肉吃尽，仅留叶脉。树体极度衰弱。除为害杨梅叶片，也食害松针。

[防治方法]

参见"油桐尺蠖的防治方法"。

7. 介壳虫类

为害杨梅的介壳虫种类较多，主要有柏牡蛎蚧、樟网盾蚧、榆蛎盾蚧等。

[为害特点]

该类害虫主要以以雌成虫和若虫，群集附着在3年生以下枝条及叶片主脉周围、叶柄上吸取汁液，其中1～2年生小枝条虫口密度最高，被害枝梢生长不良，树势衰弱，出现大量落叶、枯枝，严重时全株枯死，受害树不易结果。

[防治方法]

①结合修剪，剪除枯死枝及虫害严重集中枝，集中烧毁。

②清除园内杂草、小灌木，降低郁闭度，增强通风透光。

③保护和利用异色瓢虫、黑缘红瓢虫、中华草蛉、蚜小蜂类和跳小蜂类等天敌，实施以虫治虫。

④药剂防治。冬季使用95%矿物油乳油200倍液，或用3～5波美度石硫合剂喷雾清园，既杀灭越冬介壳虫，又给树体补硫。采收后第二代介壳虫发生初期喷施，可选用药剂95%矿物油乳油50～60倍液，或用94%矿物油乳油50～60倍液，或用30%松脂酸钠水乳剂300倍液，或用45%松脂酸钠水溶粉剂100～200倍液，或用20%松脂酸钠可溶粉剂200～300倍液，或用65%噻嗪酮可湿性粉剂2 500～3 000倍液。每季使用最多一次。高温季节应早晨或者傍晚避开高温使用，提高稀释倍数。喷药防治之前应采用大枝修剪，剪除过多、过密的枝条和高大的枝条。杨梅果实发育成熟期不能喷药防治。

介壳虫为害叶片皱缩　　　　　　　　　叶片背面可见害虫

8. 白蚁

为害杨梅的白蚁主要有黑翅土白蚁、黄翅大白蚁和家白蚁。

［为害特点］

这类害虫主要蛀蚀活体杨梅树的主干和根部，也啃食树桩和死树，损伤韧皮部及木质部，并修筑泥被泥线，沿树干通往枝梢，使树体水分和营养物质输送受阻，导致树势衰弱，叶黄脱落，枝枯树死，老树受害尤重。每年 4—10 月为白蚁的活动为害期，气温 20 ℃以上时，外出觅食为害，5—6 月有翅蚁繁殖分飞，交配或分巢，11 月至次年 3 月为越冬期。

［防治方法］

①及时清除树桩及死树，铲除园边杂草、朽木和烂根，减少虫源。

②灯光诱杀。每年 5—6 月闷热天气的夜晚，特别雨后，待有翅白蚁飞出时，安装黑光灯诱杀。

③生物防治。果园养鸡，利用鸡啄食白蚁。

④堆草诱杀。每年 4—10 月，在白蚁为害区域，每隔 4～5 米定 1 点，先削去山地表土、柴根，挖成 10 厘米 ×40 厘米 ×30 厘米的浅沟，再放上新鲜的蕨类植物及嫩草等，使用 5% 氟虫腈悬浮剂 2 000 倍液或 10% 吡虫啉可湿性粉剂 3 000 倍液（在药液中加入 1% 红糖更佳），上盖薄土压住。

⑤放包诱杀。用甘蔗粉拌白蚁粉，或用薄纸包成小包，放在杨梅树蔸边，上盖薄膜，再盖上嫩柴草，引诱白蚁取食。白蚁粉的配制：一种是亚砒酸 46%、水杨酸 22% 和滑石粉 32%，另一种是亚砒酸 80%、水杨酸 15% 和氧化铁 5%。

⑥蚁路喷药。常年 4—11 月，气温 20 ℃以上，在有白蚁为害的树上寻找蚁

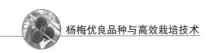
路，发现白蚁后即喷少量白蚁粉，使其带毒返巢，共染而死。

⑦拒避和杀灭。扒开杨梅树干基部表土，直径 0.8～1.2 米，每株浇施用 2.5% 联苯菊酯乳油 600 倍加 1% 红糖的药液 15～20 千克，然后覆土。

杨梅受白蚁为害的根系　　　　　　　白蚁为害杨梅主干

9. 天牛

为害杨梅的主要是星天牛、褐天牛和茶天牛 3 种。主要以幼虫蛀食杨梅枝干，影响树体养分、水分输送，造成枝干折断或树势衰弱，甚至植株枯死。

（1）星天牛

一年发生 1 代。以幼虫在树干基部或主根内越冬，翌年春天化蛹，5—6 月成虫羽化，继而为产卵盛期，卵多散产于树干基部离地 3～6 厘米范围的树皮下，产卵前雌虫用上颚咬破树皮呈"L"或"T"形伤口。幼虫孵化后，先在树皮内蛀食，后蛀入木质部，并在木质部内迁回为害，蛀入根部深达 16～30 厘米。常因数条虫环绕树干基部皮下蛀食成圈，造成"围头"致整株枯死。其成虫也会在树冠内啃食细枝皮层或食叶呈缺刻。一般在晴天上午或傍晚活动，午后高温停息在枝梢上，夜晚停止活动。

（2）褐天牛

2 年发生 1 代，以二年生幼虫、当年生幼虫或成虫在枝干内越冬，幼虫期长达 15～20 个月。卵多产于树干的分叉处、伤口或树皮凹陷处。

（3）茶天牛

1 年发生 1 代、以成虫或幼虫在被害树干基部或根内越冬。卵产于近地表的树干皮下，尤其是老树，初孵幼虫在皮下取食，不久蛀入木质部，先向上蛀 10

厘米,再向下蛀食成大而弯曲的隧道,在蛀道口常见到许多蛀屑与粪粒堆积,蛀入主根深达 30～40 厘米。严重时树干基部被蛀空,造成全树枯死。

[防治方法]

①加强果园管理。及时施肥灌溉,促使植株生长旺盛,保持树干光滑,剪除病虫枝,4—8 月保持树冠基部无杂草,杜绝天牛成虫钻入为害。树干根颈部定期培上厚土,以提高星天牛的产卵部位,便于清除卵粒。"清明"前后钩杀幼虫后,于树干根颈部培以厚土,"夏至"后钩杀幼虫日才除去培土。

②树干涂白。用石灰 5 千克,硫磺 0.5 千克,食盐 100 克,动物油 100 克,水适量调成糊状涂白剂,于 5—6 月进行树干基部涂白,把树皮裂缝,空隙涂实,防止成虫产卵。

③人工捕杀成虫,刮除卵及初孵幼虫。

④人工钩杀幼虫。4—8 月检查树干基部有无成虫咬伤的伤口、流胶和排出的木屑等,及时用铁丝钩杀幼虫。如幼虫已钻入,用注射器向蛀孔道中注射 80% 敌敌畏乳剂 300～500 倍液,每孔 10～20 毫升,以土封口。或用蘸有 80% 敌敌畏乳油 5～10 倍液的药棉球,塞入虫孔中将孔堵死,熏杀幼虫。

⑤药剂防治。在成虫发生盛期和幼虫初孵期,于树体上喷药,每 7～10 天1 次,连喷几次。可选用 40% 噻虫啉悬浮剂 3 000～4 000 倍液,或用 15% 吡虫啉微囊悬浮剂 3 000～4 000 倍液,或用400 亿个孢子 / 克球孢白僵菌可湿性粉剂1 500～2 500 倍液。

天牛

10. 黑蚱蝉

黑蚱蝉又名蚱蝉、知了,属同翅目蝉科,全国各地均有分布,系杂食性害虫,可为害杨梅、荔枝、柑橘、梨、桃和枇杷等多种果树。若虫生活于地下吸食根部的汁液,成虫除刺吸枝干上的汁液外,雌成虫将产卵器插入枝条和果穗枝梗组织内产卵,造成许多机械损伤,严重影响水分和养分的输送,致使树势衰弱,受害枝条枯萎。完成 1 代需要 4～5 年,卵在寄主植物组织内越冬,若虫在土壤

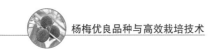

中越冬。每年 4 月底至 9 月可见成虫发生，6—8 月是为害高峰期。

[防治方法]

①结合冬剪，及时剪除产卵枝和枯枝，并集中烧毁。

②结合冬季扩穴，深翻改土杀灭土中部分若虫。

③人工捕捉幼虫。若虫出土羽化前，可在树干基部离地 5～10 厘米处用一条宽约 5 厘米的塑料胶带缠裹一圈，胶带光滑面向外，防止若虫上树，并于夜间或清晨在树干下捕捉若虫或刚羽化的成虫。

④药剂防治。毒杀土壤中的若虫，可以用 50% 辛硫磷 500～600 倍液浇淋树盘。在成虫发生高峰期，可选用 40% 噻虫啉悬浮剂 3 000～4 000 倍液，或用 20% 甲氰菊酯乳油 1 500 倍液，或用 2.5% 溴氰菊酯乳油 2 000～2 500 倍液，或用 40% 辛硫磷乳油 800 倍液等进行喷雾，防治的时候最好是和附近果园联合防治，尤其是连片果园。

知了为害状

第八章

杨梅采收与贮藏保鲜

一、采收方法

杨梅成熟期依品种而不同，要分期分批采果，做到采熟留青。采前要剪去指甲，采时轻采、轻放、轻挑、以免果实受伤。所采果实装入底部及四周衬有蕨类、荷叶等的浅容器中。采收时间宜在清晨或傍晚，此时气温较低，损失较少，下雨或雨后初晴，不宜采收，否则果实水分多，容易腐烂。

1. 采前准备

割除杨梅树下的杂草、杂木，以便采摘时容易发现落在地上的果实；准备足够数量的小竹篮或小竹箩等采摘、装运容器，容器大小以可盛3～5千克杨梅果实为宜。采摘时在容器内壁和底部放置新鲜的蕨类植物枝叶。

采摘筐的底部放置蕨类或植物枝叶

箱底放置蕨类或植物枝叶

2. 采收时间的确定

果实表面由红色转变为紫红色或紫黑色时，才达到成熟，甜酸适口，风味最佳，此时为采收适期。

采收的标准依物流距离、保存时间而定。近距离运输果实可以采用完熟采收。中距离运输果实以九成熟采收为好。远距离运输果实以八成熟采收为好。

果实成熟后及时采收

3. 采摘方法和技术

由于同一株杨梅树上的果实成熟度并不一致，为了保证杨梅果实的质量，应分批采收。采摘以清晨或傍晚为宜，此时气温低，损失少。

下雨或雨后初晴不宜采摘，此时果实水分多，容易腐烂。采摘时用右手三指握住果柄，连果柄轻轻摘下，放在底部铺有蕨类的竹篓中，每篓不宜超过 5 千克。

清晨或傍晚为宜　　　　　　　　　　雨后、及正午高温采收的果实贮藏性差

二、分级、分装

在 10～18 ℃的操作间进行分级；在垫有软物的分级操作台上进行分级，戴上一次性薄膜卫生手套，轻拿轻放；根据果实大小、成熟度进行分级；分级后果实同时装入小筐，每筐 1～2 千克，小筐再放入塑料周转箱内。

杨梅鲜果分级

　　有条件的情况下，最好能对果实进行预冷，将分装后的小筐果实置于塑料周转箱内，每箱装 4～6 筐，在 1～5 ℃下预冷 6～12 小时或在 0～1 ℃条件下强预冷 2～3 小时；预冷环境相对湿度维持在 80%～90%。

筐底放置杨梅叶等柔软物后装筐

杨梅鲜果礼盒包装

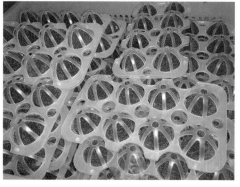

泡沫箱包装不易压伤　　　　　　　　蛋格分隔包装

杨梅鲜果礼品包装篮

杨梅鲜果礼品包装篮

杨梅鲜果礼品包装篮

杨梅鲜果礼品包盒

三、贮藏与运输技术

1. 杨梅的保鲜特性

杨梅为短货架、易腐烂果实，常温货架寿命一般为1～2天。杨梅很是娇贵，早有"一日未变，二日色变，三日全变"的说法。常温的2～3天后，杨梅果实就脱水裂口汁液溶出，并霉变，只适作为鲜销或作加工原料，而不耐贮藏。通过杨梅采后生理的研究结果表明，杨梅为呼吸跃变型果实，采后很快进入呼吸高峰，并衰老腐烂，由此给杨梅的贮藏保鲜带来一定的难度。在运输过程中，由于振动而极易引起囊状体细胞的破裂，使汁液外流，果实干缩。在生产上，如果利用冷藏的方法，并结合配套的贮藏技术，则可延长杨梅的贮运时间。

杨梅选果

泡沫箱下部加冰块或冰袋

装箱

包装箱密封

2. 贮存方法

果实采后在室内摊放贮藏，常温下杨梅只能贮藏 1～3 天。低温贮藏能延长贮藏期，低温贮藏温度为 0～5 ℃、相对湿度为 85%～90% 的条件下，杨梅果实采后贮藏 7～14 天不腐烂。

冷冻贮藏可生长杨梅贮藏期，将适度成熟的杨梅，放在塑料薄膜的容器中，在 -18 ℃中速冻 5 分钟左右，而后贮放在冷冻库中可贮藏 1～2 个月。

低温贮藏冷库

低温包装用的冰袋

泡沫箱加冰袋保鲜运输

网套单果包装运输防损

杨梅的加工利用

杨梅成熟期集中，极易腐烂。及时采收后可加盐脱水，然后晒干制成杨梅坯，便于运输贮藏，供进一步加工成蜜饯，如七珍梅、八珍梅、咸杨梅、玫瑰杨梅等。鲜杨梅还可以供制杨梅汁、杨梅泡酒、杨梅干红和糖水罐头等。

一、杨梅蜜饯

原料清洗：将杨梅流水冲洗干净，放入烧开的水中，煮几分钟后，将杨梅果实捞出滤干。

熬煮：将冰糖、水和杨梅一起放入锅中煮，水不要太多。

收汁：大火煮开后转中小火慢慢熬制，汤色越来越深，越来越粘稠，将锅内的汤汁基本浓缩完。

晾干拌糖：将杨梅果实摊开，避免相互粘连，晾干后，撒上白砂糖并拌匀，装罐。

二、冰杨梅

冰杨梅也叫速冻杨梅，工艺流程为：原料采收→整理→洗涤→浸盐水→漂洗→分级→检验→沥水→冻结→称量→包装→冷藏。

原料要求：选用色泽呈发紫红色或紫黑色、成熟适度、新鲜饱满、单果重和横径符合产品的要求。采摘后应及时加工，不能及时加工的需贮藏在温度为1～2℃，相对湿度为85%～90%的冷库内，以不超过3天为度。

整理与清洗：摘除果梗，捡去成熟不足、畸形、腐烂、病虫果及机械损伤果，然后置于流动水槽内，用清水洗去泥沙和杂质。

驱虫和漂洗：将杨梅浸没在 5% 的食盐水中，10～15 秒，以除去果上小虫，然后再经二道清水漂洗，去除盐水及附在杨梅表面的小虫及其它杂质。

分级和检验：经过漂洗后的杨梅，按产品要求分级和检验。

快速冻结：冷冻机网带上室温控制在 −35～−32 ℃，冻结时间为 10～15 分钟，冻结后杨梅中心温度达到 −18 ℃以下。

包装和贮藏：成品装袋、称量、封口，−20～−18 ℃冻藏。

三、杨梅汁

杨梅制汁工艺：鲜杨梅→筛选、去杂→清洗→脱核、打浆→榨汁→胶体磨→灭菌→低温贮存。

杨梅饮料生产工艺：杨梅汁→白砂糖及辅料→调配→过滤→超高压均质→真空脱气→超高温瞬时灭菌→灌装→灯检→倒瓶杀菌→喷淋冷却→烘干→喷码→套标→缩标→装箱。

杨梅汁

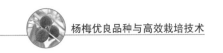

四、杨梅泡酒

工艺流程：把白酒、冰糖、杨梅混合装瓶，白酒以没过杨梅为度，白糖的添加量看各人所好，一般1千克杨梅加200克冰糖，加蜂蜜也可以。常温下密封贮藏，不定期摇匀几次。

白色杨梅果实泡酒

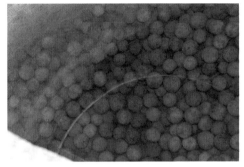

红色杨梅果实泡酒

杨梅泡酒

五、杨梅干红

工艺流程：原料选择→分选→清洗→压榨加 SO_2 →低温发酵→分离→后发酵→澄清→成分调整→补加 SO_2 →陈酿→冷冻→过滤→无菌罐装→杨梅干红成品。

杨梅酒书画作品

杨梅干红

六、杨梅干

工艺流程：鲜杨梅→筛选去杂→清洗→ 5 毫克 / 升臭氧水中处理 3 分钟→沥干→ 5% 食盐溶液浸泡 30～60 分钟 →置入烘箱→ 110 ℃内杀青消毒 5～8 分钟→60～75℃的温热风中烘干至含水量 30%～35% → 40～45 ℃低温热风烘干至含水量 10%～15% →冷却→包装和贮藏。

原料整理

烘干

杨梅干

七、冻干杨梅

工艺流程：杨梅→筛选、去杂→清洗杀菌→摆盘→冷冻→真空干燥→贮存→包装销售。

原料筛选

摆盘

真空干燥

冻干杨梅果

八、糖水杨梅

工艺流程：原料选择→分级→清洗→浸盐水→挑拣→装罐→加热排气→封罐→杀菌→冷却→擦罐→贴标→入库、检验。

九、杨梅果实色素利用

许多杨梅品种果实颜色深，色素含量高，杨梅果实中的红色色素属水溶性色素，是一种对人体无害的天然食用色素，具有一定的保健及药用效果，若添加到酸性及低酸性食品后，仍能保持鲜艳的红色。近年来，在国际市场上天然食用色素销售额的年增长率在 10% 以上，需求呈逐年上升趋势，市场前景较好。

十、杨梅果核的利用

杨梅核仁中含油脂量 62.5%～68.1%，远高于花生、葵花籽、棉籽、油菜籽等传统油料。利用超声波技术辅助提取核仁油，得率为 58.8%；采用超临界 CO_2 流体萃取技术，提取率高达 33.5%。

杨梅核仁含蛋白质 25%～27.6%，其组成中蛋氨酸、精氨酸、天冬氨酸、谷氨酸含量高，赖氨酸含量较低。

第十章

杨梅发展展望

近年来，大宗水果由于面积大，产量多，市场饱和，作为小宗水果的杨梅由于成熟期在水果淡季，产量少，风味独特，价格普遍较好，福建省龙海市早熟上市的鲜果每千克可达 50～60 元，许多地方种植的东魁杨梅每千克鲜果价格也稳定在 15～20 元，杨梅的种植经济效益显著，发展前景广阔。

杨梅果实成熟期短、不易保鲜的特性是制约杨梅产业发展的重要因素，生产者要种植杨梅时，需要考虑当地消费水平、保鲜加工能力和交通运输等因素，以免果品滞销造成损失。

观光果园及庭院栽培理想树种之一

杨梅助力水土保持　　　　　福建福安杨梅节助力休闲旅游

重庆兴隆杨梅节助力休闲旅游

福建龙海首届杨梅节

云南富民县杨梅采摘园

浙江黄岩东魁杨梅开采仪式

附录 1　杨梅生产周年历及操作要点

花芽期（1—2 月） 小寒 大寒 立春 雨水	幼果期（3—4 月） 惊蛰 春分 清明	果实膨大期（4—5 月） 谷雨 立夏	成熟期（5—6 月） 小满 芒种 夏至	花芽分化期（7—10 月） 小暑 大暑 立秋 处暑 白露 秋分 寒露 霜降	休眠期（11—12 月） 立冬 小雪 大雪 冬至
1. 挖定植穴，新园栽植。 2. 小苗嫁接、高接换种。 3. 疏花枝：疏去过量花枝和密生、纤细、内膛小侧枝。	1. 控梢：删减过密过长的春梢。 2. 疏果：疏去病虫果、密生果和劣果，每枝留 1～3 个果。 3. 施壮果肥。 4. 防治癌肿病和卷叶蛾类。	1. 喷施氨基酸及微量矿质元素等叶面肥。 2. 通过诱杀或悬挂防虫网等防治果蝇类。	1. 防治果蝇类。 2. 适时采收。 3. 夏季修剪：疏除大枝、直立枝，剪去拖地枝、交叉枝。 4. 施采后肥。 5. 防治卷叶蛾类。	1. 开展幼龄树的抹芽摘心工作。 2. 注意控梢促花工作。 3. 注意蚧壳虫等害虫的防治。	1. 整形修剪：锯除或短截过高枝、直立枝，回缩过长的斜生枝。 2. 施秋冬基肥。 3. 做好清园工作，剪除枯枝、病虫枝。喷施 3～5 波美度石硫合剂，进行枝干涂白。

物候期

合理施肥	疏果	避雨栽培	整形修剪
以含钾肥较多的草木灰和火烧土等为主。10 年生结果树，株施用草木灰 10～12 千克或火烧土 50 千克，再加厩肥半担，一般年施肥 2 次。	进行 2～3 次疏果，大果品种如东魁、硬丝安海变等，每结果枝 1～2 个果；中小果的品种如荸荠种、浮宫 1 号等，每结果枝 2～3 个果。	矮化树冠，并在树体周围树立固定杆并搭建棚架。成熟采摘前 15 天，在树冠上覆盖透明塑料薄膜。	幼年树培养自然圆头形树冠，成年树以疏枝为主，剪除病、枯、衰弱和密生枝，开张侧枝，缓和树势；老树可回缩更新衰弱的结果枝组。

主要生产操作要点

注：以福建地区低海拔种植的杨梅为例，其他地区种植的相关农事操作，应根据品种特性、种植地区的海拔及纬度等做相应地调整

附录 2　杨梅常见病虫害防治要点

	小叶病	褐斑病	凋萎病	根腐病	癌肿病	干枯病
物候期						
	1. 缺锌引起的生理性病害。 2. 喷施或土施硫酸锌；多施有机肥。	1. 冬季清园；增强树势，提高抗病力；修剪改善通风透光。 2. 药剂防控：33.5% 喹啉铜悬浮剂 1 500 倍液；66% 精甲霜·锰锌水分散粒剂 600～800 倍液。	1. 检疫苗木；施用有机肥，少施磷肥；合理修剪。 2. 药剂防控：咪鲜胺、苯醚甲环唑药剂、丙环唑、吡唑醚菌酯水分散剂、异菌脲等药剂进行防治。	1. 检疫苗木；增施有机肥料和钾肥，增强树势；冬季清园。 2. 药剂防控：伤口和病斑涂80% 乙蒜素乳油 50～100 倍液或 200 毫升/升农用链霉素。	1. 检疫苗木；增施有机肥料和钾肥，增强树势；冬季清园。 2. 药剂防控：伤口和病斑涂80% 乙蒜素乳油 50～100 倍液或 200 毫升/升农用链霉素。	1. 增强树势；减少树体伤口。 2. 药剂防控：在伤口和病斑涂抹 以 1∶0.5∶100 波尔多液或80% 乙蒜素乳油（402 抗菌剂）50～100 倍液进行保护。

	白腐病	肉葱病	果蝇类	卷叶蛾类	杨梅病虫害防治原则
主要生产操作要点					1. 以农业防治、生物防治、物理防治为主。 2. 药剂防控杜绝使用禁用农药。 3. 注意农药轮换使用，以提高防治效果。
	1. 避雨栽培；修剪改善通风透光；及时采收。 2. 药剂防控：杨梅果实转色期使用 36% 喹啉·戊唑醇悬浮剂800 倍液喷雾。	1. 生产上要注意培育中庸树势。 2. 控梢控果。 3. 多施有机肥、钾、硼、锌等。	1. 捡除落果；修剪改善通风透光；糖醋液诱杀；挂防虫网。 2. 药剂防控：在果实硬核期至成熟前 15 天，乙基多杀菌素悬浮剂 1 500～2 500 倍液喷雾。	1. 冬季清除带虫枝；春季摘除蛹和虫苞；黑光灯诱杀。 2. 药剂防控：1.8% 阿维菌素乳油 2 000 倍液；5% 阿维菌素4 000～6 000 倍液。	

参考文献

白朴．2007．农村种养新技术［M］．中国农业出版社．

毕宪章．2002．杨梅主要病虫害及防治［J］．安徽林业，（3）：18．

陈方永，倪海枝，王引，等．2018．大果杨梅新品种"永冠"［J］．园艺学报，45（6）：1 213-1 214．

陈宗良．1996．杨梅史考［J］．果树科学，13（1）：59-61．

陈绘画，杨胜利，周钦富．2009．我国杨梅病虫害简述［J］．林业勘察设计，（1）：157-164．

陈永宝．1994．杨梅病虫害及其防治（综述）［J］．亚热带植物通讯，（1）：64-68．

陈永法．2006．杨梅病虫害防治［J］．中国林业，（24）：37．

陈宗良．1996．慈溪市杨梅主要病虫害及其防治［J］．植物保护，（2）：26-28．

陈宗良．2002．杨梅栽培168问［M］．中国农业出版社．

段志坤．2010．影响杨梅树势的几种常见病虫害［J］．科学种养，（4）：28．

龚洁强，王洪祥．2002．台州市杨梅主要病虫害发生现状及防治对策［J］．浙江柑橘，（2）：34-35．

何新华，陈力耕，陈怡，等．2004．中国杨梅资源及利用研究评述［J］．果树学报，21（5）：467-471．

何绍华，吴俊涛．2008．杨梅优质丰产栽培技术［M］．云南人民出版社．

胡水泉．2005．果树主要病虫害防治技术［M］．浙江科学技术出版社．

金建良．2012．杨梅采后勿忘病虫害防治［J］．新农村，（5）：27．

金志凤，求盈盈，王立宏．2010．杨梅优质高产栽培与气象［M］．气象出版社．

梁森苗，任海英，郑锡良，等．2017．浙江杨梅病虫害种类及其为害部位［J］．中国南方果树，46（5）：28-30．

李三玉．2002．浙江效益农业百科全书·杨梅［M］．中国农业科学技术出版社．

林文才．2017．杨梅生产中生理性问题与病虫害治理方案探讨［J］．中国植保导

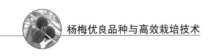

刊, 37 (2): 30-32.

林旗华, 卢新坤, 张泽煌. 2010. 留果数对浮宫1号杨梅果实性状的影响 [J]. 中国南方果树, 39 (2): 37-39.

林旗华, 卢新坤, 张泽煌. 2011. 福建省杨梅种质资源的收集保存与利用 [J]. 福建果树, (1): 45-48.

林秀香. 2006. 福建省杨梅产业现状及其发展前景分析 [J]. 中国果业信息, 23 (11): 6-8.

林秀香, 林秋金, 苏金强, 等. 2007. 福建省杨梅种质资源概况 [J]. 福建热作科技, (4): 18-20.

刘又高, 厉晓腊, 金轶伟, 等. 2006. 杨梅病虫害种类及其防治措施 [J]. 中国南方果树, (4): 46-48.

刘志峰, 廖晓军, 龙洪圣, 等. 2017. 峡江有效推出杨梅"病虫害专业化统防统治+绿色防控"融合发展 [J]. 江西农业, (12): 61-62.

戚行江. 2014. 杨梅病虫害及其安全生产技术 [M]. 中国农业科学技术出版社.

阮逸, 王培道, 叶建平. 2003. 中亚热带主要果树病虫害防治 [M]. 中国林业出版社.

涂郭传. 2014. 长汀县杨梅病虫害绿色防控技术 [J]. 福建农业, (9): 124-125.

王根锷, 刘又高, 王益光, 等. 2002. 杨梅贮藏中的病虫害种类及其为害情况 [J]. 中国南方果树, (2): 26-27.

王洪祥, 林媚, 龚洁强, 等. 2003. 杨梅主要病虫害的防治技术 [J]. 浙江林业科技, (5): 46-48.

王华弟, 沈颖, 黄茜斌, 等. 2017. 浙江省杨梅病虫害种类与发生规律及其绿色防控技术 [J]. 南方农业学报, 48 (4): 640-646.

王贤亲, 潘晓军, 林丹, 等. 2009. 丁岙杨梅叶挥发油的GC-MS分析 [J]. 食品研究与开发, 30 (2): 98-99.

吴道宏, 余佶, 麻成金, 等. 2008. 中国杨梅开发利用研究现状 [J]. 农业工程技术, (10): 33-35.

吴振旺, 黄金生. 2008. 杨梅生产技术 [M]. 中国林业出版社.

徐小彪. 2009. 杨梅枇杷新品种及栽培技术 [M]. 江西科学技术出版社.

张绍升，刘国坤，肖顺，等．2006．果树疑难病害诊治图谱［M］．福建科学技术出版社．

郑勇平．杨梅［M］．2002．北京：中国林业出版社．

张泽煌，卢新坤，林旗华，等．2011．10个杨梅品种果实糖和氨基酸含量分析［J］．江西农业学报，（7）：18-20．

张泽煌，钟秋珍，林旗华，等．2011．3个杨梅品种果实发育过程中氨基酸含量变化［J］．热带作物学报，32（12）：2 240-2 245．

周东生，黄汉松，吴长春．2010．杨梅良种与优质高效栽培新技术：江南第一梅·靖州杨梅［M］．金盾出版社．

周茂繁．1998．中国药用植物病虫图谱［M］．湖北科学技术出版社．